NOTICES

SUR LES MŒURS

DES

BATRACIENS

PAR

HÉRON-ROYER
Trésorier de la Société Zoologique de France
Membre correspondant de la Boston Scientific Society
et de plusieurs autres sociétés savantes

Extrait du *Bulletin de la Société d'Études Scientifiques d'Angers* 1889

QUATRIÈME FASCICULE

ANGERS
IMPRIMERIE-LIBRAIRIE G[illegible]
RUE SA[illegible]

NOTICES

SUR LES

MŒURS DES BATRACIENS

Quatrième Fascicule

Les Batraciens dont nous allons nous occuper sont assez différents de ceux qui ont fait l'objet des précédentes notices pour former une division dans l'ordre des Anoures.

L'axe rachidien de ces Amphibiens est composé de vertèbres dont la concavité articulaire est tournée en arrière : cette forme vertébrale les rapproche des Batraciens urodèles et cette organisation rappelle aussi, à un certain degré, celle d'animaux préhistoriques. Ce caractère ostéologique a donc son importance : il concorde avec d'autres caractères embryologiques que nous aurons à examiner et qui fournissent une preuve évidente de la nécessité de séparer les Batraciens anoures en deux groupes distincts, comme nous l'avons déjà signalé à l'attention des zoologistes dans un autre mémoire (1). L'ensemble de

---

(1) *Note sur les amours, la ponte et le développement du Discoglosse*. Bull. de la Soc. zool. de France, X, 1885.

nos recherches a eu pour résultat de conduire à une classification un peu différente de celle qui est adoptée par la plupart des auteurs. Le Dr Raphaël Blanchard (1) a résumé clairement cette classification nouvelle, en réunissant d'une part les Grenouilles, les Rainettes, les Pélobates et les Crapauds, dans un groupe d'Anoures procœliens, et d'autre part les Discoglosses, les Sonneurs et les Alytes, dans un groupe d'Anoures opisthocœliens. Ce dernier groupe comprend les trois familles des Discoglossidés, des Bombinatoridés et des Alytidés.

VIII

FAMILLE DES DISCOGLOSSIDÉS

Les Anoures qui composent cette famille sont peu nombreux : ils paraissent restreints à deux espèces, occupant la région méditerranéenne : Europe, Afrique et la plupart des îles.

Les Discoglosses ont des formes élégantes qui se rapprochent beaucoup de celles des Grenouilles, aussi les a-t-on, tout d'abord, confondus avec celles-ci. Les auteurs modernes sont peu d'accord sur la valeur des nombreuses variétés qui ont été décrites et ne veulent y voir qu'une seule espèce :

LE DISCOGLOSSE PEINT.

Ce joli Batracien est d'une coloration extrêmement variable : on trouve des individus de toutes les nuances, allant du brun au marron clair, du marron au roux, du roux au rouge brique, du jaune foncé au jaune bistré le plus clair, et tous ou presque tous ont une ornementation différente. Quelques-uns sont mar-

(1) *Remarques sur la classification des Batraciens anoures.* Bull. de la Soc. zool. de France, X, 1885.

qués de dessins symétriques, composés de taches ou de bandes ; celles-ci sont agrémentées elles-mêmes de nuances foncées, qui leur donnent un relief agréable. Au milieu d'elles sont encore épars des tubercules plus ou moins gros qui, vus de profil, rendent la peau verruqueuse comme celle des Crapauds, bien qu'elle reste toujours douce et onctueuse au toucher.

A cette coloration agréable au regard, vient s'ajouter une forme élancée : tête fine, mais aplatie ; tronc allant en s'élargissant un peu plus que chez les Grenouilles ; jambes relativement grêles chez le jeune, plus épaisses chez l'adulte ; bras gros et fortement musclés chez le mâle, plus minces, quoique dodus, chez la femelle, ce qui donne à celle-ci plus d'élégance. Ajoutons à cela des yeux brillants, plutôt petits que gros et bien saillants, et nous aurons le portrait du Discoglosse que Cetti, en 1877, fit connaître sous le nom de *Rana acquajuola.*

Comme on le voit, ce Batracien, au début de son histoire, est confondu avec les Grenouilles, il porte tantôt le nom de *Rana aquatica*, tantôt celui de *Rana temporaria*, et cela malgré les différences si remarquables de son squelette. C'est seulement en 1837 que l'autonomie de ce Batracien fut reconnue par Otth, qui lui donna le nom de *pictus*. Tschudi, d'après l'historique qu'en a donné M. Lataste dans son *Étude sur le Discoglosse* (1), annexa au mémoire d'Otth un supplément dans lequel il distingue la forme sarde sous le nom de *Discoglossus sardus*, d'après les échantillons recueillis en Sardaigne par Géné et étiquetés par cet auteur *Rana sarda*. En 1839, Géné rapporte le Discoglosse de Sardaigne au genre *Pseudis* et le désigne du nom spécifique de *Sardoa*. En 1841, Schlegel,

(1) Actes de la Soc. Linnéenne de Bordeaux, XXXIII, 1879.

pour des échantillons d'Algérie, adopte la dénomination de *Rana picta ;* en même temps, l'*Erpétologie générale* de Duméril et Bibron (1841) affirmait qu'il n'y a qu'un seul Discoglosse, le *D. pictus*, nom qui a prévalu. Cependant Bonaparte (1841), Bosca (1877), puis Camerano se sont servi du nom de *Sardus* pour désigner tantôt la forme, tantôt la provenance de ce Batracien.

Enfin, en 1878, Camerano rencontra le Discoglosse au Maroc. De retour à Turin, il examina des Discoglosses de différentes provenances et conclut à l'existence de trois formes : *D. pictus* Otth, *D. sardus* Géné ou Tschudi et *D. scovazzi* Camerano (1), cette dernière appartenant au Maroc. Mais ces trois formes, difficiles à distinguer, furent rejetées par M. Lataste (2), qui ramena la question au point où l'avait laissée l'*Erpétologie générale*.

Les longues recherches que nous avons faites sur les Discoglosses nous ont amené à diviser le genre *Discoglossus* en deux espèces et à séparer le type européen du type africain, conservant la dénomination de *D. pictus* au premier et donnant au second le nom démonstratif de *D. auritus*. C'est donc du premier seulement que nous nous occuperons ici.

Le *Discoglossus pictus* est répandu sur une partie du littoral méditerranéen : en Sardaigne, en Corse, dans l'île d'Elbe, aux Baléares, en Espagne et en Portugal. Mais il n'est pas encore établi qu'il se trouve en Grèce et en Turquie.

Nous n'insisterons pas sur la coloration si variable de ce Batracien : il nous aura suffi d'indiquer que tous les individus peuvent être différents sous ce rap-

---

(1) *Osservazioni interno agli anfibi anuri del Marocco.* Atti del. real. Acc. dell. sc. di Torino, vol. XIII.

(2) *Étude sur le Discoglosse*, loc. cit.

port et constituer ainsi autant de variétés qui peuvent se reproduire dans les divers pays qu'habite l'espèce.

Les auteurs qui se sont occupé des Discoglosses ont méconnu deux caractères importants, qui tiennent l'un à la forme de la tache temporale, l'autre à la longueur des membres postérieurs chez l'adulte.

Avec une tête un peu plus longue, un museau un peu plus aigu, des narines un peu plus rapprochées, le *Discoglossus pictus* montre, comme son congénère, un œil saillant de taille moyenne, dont la pupille arrondie et terminée en bas par une pointe, est encadrée d'un fin filet doré. En haut de l'œil se voit une bande horizontale large et brillante, plus ou moins colorée, suivant l'animal; en arrière de l'œil, à la commissure des paupières, deux bourrelets se réunissent en un angle aigu et ménagent entre eux un espace étroit et brun foncé. C'est sous cet espace, que l'on nomme communément la *tempe*, qu'est dissimulé le tympan. Le bourrelet supérieur se continue sur le flanc : c'est le bourrelet glanduleux ou lateral, il est épais et saillant. Le bourrelet inférieur est de peu d'importance : il est indiqué par un liséré jaune clair très net, il descend obliquement et en ligne droite, de l'angle postérieur de l'œil à l'épaule. Du rapprochement de ces deux bourrelets résulte une sorte de cornet acoustique, qui doit parer en partie à l'épaisseur de la peau qui, en cet endroit, cache absolument l'oreille, contrairement à ce qui s'observe chez le type africain, *Discoglossus auritus*.

Chez *Discoglossus pictus*, le corps est court et trapu; la tête se confond avec le tronc presque autant chez le mâle que chez la femelle. Les membres pelviens sont un peu plus épais et plus courts que chez *D. auritus;* le tubercule métatarsien est très développé. Sur le squelette, le crâne est très épais en arrière, le fémur est fortement cambré en S, l'humérus et le grand doigt sont un peu plus courts que chez l'espèce africaine.

Indépendamment de ces caractères, les mœurs et surtout le développement embryonnaire de ces Anoures nous fournissent encore d'autres preuves à l'appui de notre opinion sur la séparation spécifique de ces deux formes.

Ma note sur les *Amours, la ponte et le développement du Discoglosse,* parue en 1885 dans le *Bulletin de la Société zoologique de France,* ne se rapporte qu'à des observations faites exclusivement sur des sujets provenant d'Algérie. Depuis cette époque, j'ai pu, grâce à l'obligeance de M. Victor Lopez Seoane, étudier de même, dans son développement, le Discoglosse d'Espagne. Voilà trois années que j'observe jour par jour les deux espèces : je puis dire qu'aucun de leurs mouvements ou de leurs gestes, qu'aucune de leurs impressions ne m'a échappé ; je les connais si bien, que je pourrais presque dire que j'arrive à les comprendre. Grâce à cette sorte d'intimité, j'ai pu constater entre les deux espèces d'intéressantes différences de mœurs.

Durant l'hiver et malgré que la température de l'appartement où ils sont installés reste tiède et varie entre 5 et 10° c., les Discoglosses d'Europe se terrent profondément, puis restent immobiles des semaines entières. Cependant, les Discoglosses algériens sont presque toujours en mouvement, tantôt à l'eau, tantôt à terre, se repaissant sans cesse et même sans besoin. Dans le cours de la belle saison, quand les amours et la ponte sont achevés, les mâles de l'espèce d'Europe prennent un long repos et restent enfouis ou blottis sous les pierres ou sous la mousse ; en d'autres temps, ils séjournent moins dans l'eau que l'espèce africaine : en résumé, ils sont plus sobres et moins turbulents.

Il m'a été possible, du printemps de 1886 au milieu de l'année 1888, d'observer de nombreuses pontes. La première eut lieu le 9 mai 1886. C'est cette première ponte qui, de prime abord, arrêta mon attention comme on va le voir. A son arrivée de la Corogne, un couple de ces Batraciens fut logé dans un aquarium spécial. Les deux époux ne parurent point trop dépaysés ; je les surveillais durant le jour, et le soir j'écoutais, convaincu d'avance par les observations faites sur mes Discoglosses algériens, en 1885, que le premier chant serait le prélude de leurs ébats. J'avais toujours écouté vainement, quand, le matin du 9 mai, je vis un lot d'œufs assez considérable, mais comparativement moindre que celui que donnaient les Discoglosses d'Alger.

Ces œufs frappèrent mon attention par leur grosse taille et leur distribution moins correcte. Leur couleur est noire ; à la loupe, leur surface semble fortement irisée et reflète les objets à la façon de la lentille d'une chambre noire. Quant au reste, ils ne diffèrent pas des œufs du Discoglosse algérien : ils présentent un chorion, une capsule interne et une couche muqueuse dont l'épaisseur correspond à celle du diamètre de l'œuf.

Le lendemain de la ponte, la réfringence s'atténue, en même temps qu'apparaît la première ébauche embryonnaire. Au troisième jour, l'embryon est oblong et de couleur noire ; à la loupe, il semble très granuleux ; le chorion est étiré et ses plis sont réfringents : on dirait à ce moment que la larve est entourée d'une gaze argentine. Le soir du même jour, le chorion se déchire et tombe dans la capsule interne, comme un chiffon désormais inutile. La tête de la larve est alors bien distincte du corps ; la vésicule cérébrale est surmontée d'une petite crête étroite et très noire, qui se bifurque et va rejoindre les trous olfactifs. Au quatrième jour, fait suite à la crête dorsale un petit appendice caudal de peu d'importance ; le soir, les saillies oculaires, vicérales et branchiales sont nettement indiquées. La jeune larve sort alors des enveloppes muqueuses et le premier bourgeon branchial apparaît. Quelques heures plus tard, la branchie se divise, s'écarte en éventail et montre cinq petits bourgeons épais, qui vont s'allonger très promptement. Ces branchies sont moins latérales que chez les Grenouilles : elles naissent plus en avant et très proche du museau.

Au cinquième jour, la jeune larve a ses branchies composées de deux branches visibles, dont chacune porte cinq à six rames plus claires que le corps ; la queue est alors moitié aussi longue que celui-ci. La vésicule cérébrale antérieure est fort saillante ; le museau s'est un peu relevé, il fait, avec le retrait que présente l'ouverture de la bouche en formation, un angle interne très obtus ; le bout du museau, dont les lèvres sont serties en arrière, a l'aspect d'un boutoir, plus foncé que le corps. Ce boutoir n'est qu'une réduction de la fossette sous-buccale de l'embryon, qui laisse échapper une liqueur gluante et filante grâce à laquelle le petit animal se fixe aux corps flottants ou aux végétaux. Il est à remarquer que cet appareil se ferme par une petite languette terminée en pointe et dont la base est relativement large ; ici, cette languette présente une pointe obtuse ; mais chez *D. auritus*, elle est plus triangulaire, c'est-à-dire que sa base est plus large et sa pointe terminale presque aiguë.

Au sixième jour, le corps est encore de couleur brun noir : on dirait des larves de *Bufo* ; le ventre est un peu plus clair et les branchies sont assez transparentes pour qu'on y puisse observer la circulation des globules du sang. Quand la petite larve reste en place, ses branchies sont agitées de mouvements pulsatiles très apparents. La queue a atteint la longueur du corps.

Au huitième jour, mes élèves, toujours brun noir, sont plus gros ; leur corps est devenu globuleux et paraît proportionnellement plus court ; la queue a environ une fois et demie la longueur du corps ; le ventre est un peu plus clair, les branchies persistent ; elles sont en mouvement constant, ainsi que la lèvre inférieure de la bouche. Le boutoir commence à se résorber ; l'œil apparaît sous la peau. Examinée à 30 diamètres, la peau est très granuleuse, elle est marbrée sur le ventre et les flancs ; sur le dos, elle présente un piqueté de brun et de blanchâtre.

Au neuvième jour, les branchies, si visibles la veille, sont déjà cachées sous les opercules : ceux-ci se fusionnent avec la peau de l'abdomen et contribuent ainsi à la formation du spiraculum.

Au dixième jour, le spiraculum est définitivement établi ; le ventre est rebondi, tandis que chez l'autre espèce il est à peu près plan.

Au douzième jour, la couleur d'ensemble est toujours brune, comme chez les Crapauds ; la queue a sa membrane dorsale plus haute et enfumée. Le corps est proportionnellement plus court et plus large que chez les têtards algériens, au même stade de leur développement.

On a déjà saisi les différences qui distinguent l'œuf, l'embryon et le têtard, jusqu'à la deuxième période du développement larvaire. A la forme, à la coloration, vient encore s'ajouter un caractère distinctif qui ne peut nous échapper : c'est la taille relativement considérable des larves de *Discoglossus pictus*, qui surpassent de deux à trois fois celles de *Discoglossus auritus*, pour parvenir à ce même stade du développement.

C'est là une remarque vraiment intéressante et qu'il était utile de contrôler sur de nouvelles pontes. Aussi ai-je tenu à reprendre ces observations avant de les faire connaître. Malheureusement la femelle qui nous avait fourni les œufs dont nous venons de suivre le développement, mourut à la suite de sa ponte, en sorte qu'il me fallut attendre l'année suivante pour renouveler mes recherches.

Il me restait une jeune femelle. Vers le milieu de juin 1887, voyant qu'elle avait le ventre bien rebondi, je l'installai avec un mâle dans un aquarium, où un petit îlot était disposé sur le côté recevant le soleil, afin de laisser à ces Batraciens toute liberté d'aller à l'eau et d'en sortir à volonté.

Le temps était propice et j'observai ce qui suit : Le mâle se mit à l'eau et parut s'y plaire ; la femelle, au contraire, vint sur l'îlot et s'y enfouit. Elle ne se montra qu'après deux jours, vint manger les vers mis à sa disposition, et se cacha de nouveau ; elle reparut le lendemain, stationnant d'un air paisible près du bord de l'îlot. Le mâle, de son côté, allait à l'eau et remontait souvent près de la femelle : ses flancs battaient avec une activité fiévreuse, par suite du gonflement et du dégonflement alternatif de ses poumons ; il regardait sa compagne avec intérêt, puis il faisait jouer ses poumons alternativement à droite et à gauche, tout comme s'il ressentait une légère souffrance, mais aucune plainte ne se faisait entendre. Tantôt il se jetait à l'eau après avoir touché la femelle du bout de son museau, comme pour lui dire de le suivre : il nageait quelques instants et revenait bientôt poser ses mains sur le bord de l'îlot, puis recommençait à faire fonctionner ses poumons, comme il vient d'être dit, en accompagnant cette mimique de quelques contorsions fébriles ; il se remettait alors à nager, faisait quelques tours, puis remontait près de sa compagne. L'impassibilité de celle-ci, en présence de ces avances galantes, faisait un curieux contraste avec l'agitation du mâle.

Enfin, la femelle avance vers le bord : le mâle la suit et, de temps en temps, la pousse du bout de son museau. Bientôt les deux époux plongent dans le liquide : le mâle saisit alors la femelle au-dessous des aisselles et fait promptement glisser ses mains jusqu'aux lombes. A peine ce mouvement est-il achevé, que les œufs sont chassés violemment, d'un seul coup : ils tombent au fond et se rassemblent comme en vertu d'une sorte d'attraction. Ils forment ainsi un petit tapis de perles uniformément étendues ; ce tapis est d'autant plus coquet que l'eau est plus limpide ; autrement, les impuretés se fixent à la glaire de l'œuf et la dissimulent.

Les œufs sont expulsés si promptement qu'il est impossible de voir la ponte s'accomplir, si l'on ne se tient pas en observation. C'est au moment où le mâle fait glisser ses mains, du haut des flancs aux aînes de sa compagne, qu'il lance sa liqueur fécondante.

Le mâle, comme je l'ai déjà dit dans ma note sur les amours du Discoglosse, possède des glandes génitales extrêmement volumineuses, plus grosses que chez aucun autre Anoure d'Europe. Il est donc probable que beaucoup de spermatozoïdes sont perdus dans ce mode d'accouplement axillo-inguinal, qui dure à peine un instant. J'ai voulu me rendre un compte très exact de ce fait : en conséquence, au lieu de mettre mes animaux dans un vaste aquarium, je les ai placés, cette année, dans un cristallisoir large de 0^{m}25, et haut de 0^{m}10. Ce vase bien transparent fut placé dans une cage vitrée, très propre ; il était entouré de tablettes arrivant au niveau du bord ; chaque fois que l'eau était troublée par quelque impureté, j'avais soin de la changer. J'obtins ainsi une ponte qui combla tous mes désirs, et même au-delà, puisqu'elle me permit d'élucider un mystère.

C'était le 26 mai, au matin. Dès qu'un premier lot d'œufs fut pondu (car ces Batraciens émettent le plus souvent leurs œufs en plusieurs fois), j'enlevai le vase avec son contenu, pour l'examiner à une vive lumière. Je vis alors avec surprise, çà et là, de petits amas blancs comme des faisceaux de filaments extrêmement fins, et je constatai que ces petits amas n'étaient autre chose que des groupes de spermatozoïdes ayant un peu l'aspect des spermatophores des Urodèles.

Est-ce là un fait anormal ? J'ai vu un très grand nombre de pontes d'Anoures, depuis dix à douze années, et les Discoglosses, tant espagnols qu'algériens, pour ne parler que d'eux, m'ont donné seize pontes l'an dernier ; mais jamais je n'avais rien vu de semblable.

Il est probable, d'après cette observation, que la rapidité avec laquelle les œufs sont expulsés de l'utérus ne permet pas au mâle de les féconder tous du même coup, qu'alors les spermatozoïdes en suspension dans le liquide viennent y suppléer, et qu'ensuite le surplus se groupe en forme de spermatophore. La position que prennent les œufs permet d'ailleurs cette supposition, puisqu'ils se présentent tous sur le même plan, la fossette germinative en haut.

Quand la femelle a fait une première ponte, elle regagne le bord, sort de l'eau et se repose quelques instants : elle reste là sans mouvements, sa gorge blanche fonctionne seule avec activité, par le va et vient continu que lui imprime l'inspiration et la déglutition de l'air ; un quart d'heure, une demi-heure s'écoule ainsi jusqu'à la seconde évacuation. Les mêmes manœuvres précèdent généralement les rapprochements sexuels qui se répètent trois à quatre fois, suivant la quantité d'œufs mûrs. Les dernières émissions sont plus distancées ; elles sont quelquefois remises au lendemain.

Le soir semble plus propice à la ponte, peut-être par suite de l'abaissement de la température, mais cet acte s'accomplit aussi quelquefois au milieu du jour ; j'ai pu l'observer le 22 juin 1887, de onze heures du matin à quatre heures du soir.

Il ne faudrait pas croire que, comme les Grenouilles ou les Crapauds, les Discoglosses ne produisent qu'une fois l'an ; bien au contraire, une deuxième, et parfois même une troisième ponte a lieu dans le cours de l'année. En 1888, la dernière ponte eut lieu le 16 août, et en 1889, le 3 septembre.

Comme on l'a vu plus haut, le développement de l'œuf est assez prompt, mais le têtard peut tarder à atteindre l'état parfait, s'il n'est pas tenu dans un milieu chaud, et s'il n'est pas suffisamment pourvu de nourriture. Normalement, deux mois suffisent amplement au développement complet de l'œuf pour arriver à l'état d'Anoure. J'ai tenu à avoir quelques données précises sur le temps le plus court, comme aussi le plus long que ce Batracien peut passer à l'état larvaire, et j'ai pu obtenir de jeunes Anoures en quarante-cinq jours. Peut-être qu'en liberté, sous leur climat naturel, le passage vers l'état parfait serait encore un peu plus rapide. Pour prolonger l'état transitoire du têtard, je maintenais des larves du Discoglosse africain dans un milieu couvert, mais pourtant bien éclairé, je leur donnais d'ailleurs une nourriture autant végétale qu'animale. Ainsi disposées et logées dans l'appartement, près d'une fenêtre, mes larves restèrent stationnaires et passèrent l'hiver sans qu'une seule mourût ; elles se transformèrent toutes de mai à fin juin, soit après l'âge d'une année. Déjà, pour affirmer les premiers résultats obtenus en 1886, j'avais fait présent à la ménagerie des Reptiles du Muséum, d'une cinquantaine de ces larves, que le public a pu voir durant l'hiver, et que les soins de M. Desguez ont parfaitement réussi à amener à l'état parfait.

On pourrait croire que la prolongation de l'état larvaire influe défavorablement sur la santé de ces petits animaux. Mais il n'en est rien ; ils sont même plus gros et plus vigoureux après la métamorphose : leur temps n'a d'ailleurs pas été entièrement perdu, car leurs organes internes se sont développés quand même ; aussi arrivent-ils plus promptement à l'état adulte. C'est là un fait déjà constaté et acquis à la science, que j'ai exposé dans un de mes précédents mémoires (1).

En décrivant très sommairement l'évolution larvaire, nous avons vu que, quand le petit animal arrive au déclin de la période branchiale, les opercules progressent et arrivent peu à peu à recouvrir entièrement les branchies, puis s'appliquent sur la peau du ventre et s'unissent si intimement à celle-ci, que la fusion devient promptement manifeste ; bientôt on n'aperçoit plus des opercules que deux petites ouvertures qui s'avancent l'une vers l'autre en descendant vers la ligne médiane de l'abdomen. Là elles se réunissent pour ne former qu'une ouverture apparente ; mais cette ouverture impaire, de forme arquée, dissimule

(1) *Cas tératologiques*, etc. Bulletin de la Société zool. de France, IX, 1884.

les deux orifices operculaires qui appartiennent aux conduits latéraux de la chambre branchiale et qui, sous le nom de *spiraculum*, servent à rejeter au dehors l'eau ayant servi à la respiration.

Il existe donc deux spiraculums simplement cachés par une petite voûte membraneuse. Cette organisation est particulière aux larves des trois familles de Batraciens anoures d'Europe ayant les vertèbres opisthocœliennes. Ces trois familles (Discoglossidés, Bombinatoridés et Alytidés), se rapprochent ainsi des Dactylèthres et des Pipas, dont le têtard possède un appareil latéral et symétrique, et dont l'adulte fait aussi partie du groupe opisthocœlien.

En 1878, M. Lataste avait divisé les larves des Batraciens anoures d'Europe en Lévogyrinidés et Médiogyrinidés (1); en 1885, le Dr Raphaël Blanchard proposa de donner le nom d'Amphigyrinidés aux Aglosses (2). Or, il résulte de mes recherches sur le développement du *Bombinator* (3) que les Médiogyrinidés ne sont qu'une simple variété des Amphigyrinidés, les deux conduits symétriques étant forts longs chez eux et se prolongeant jusqu'à la ligne médiane de la face ventrale.

Le spiraculum joue, chez le têtard, le même rôle que l'ouïe du poisson : c'est un organe provisoire, qui disparaît durant la quatrième période larvaire, lorsque les poumons sont bien constitués et que le petit être se sent assez fort pour quitter l'eau. Cependant les têtards savent utiliser leurs sacs pulmonaires, dès que ceux-ci sont formés, et contribuent à en accroître le développement par l'usage qu'ils en font. Par

(1) Revue internationale des sciences, II, p. 490. Paris, 1878.
(2) Bull. de la Soc. zool. de France, X, 1885.
(3) Bull. de la Soc. zool. de France, XII, 1887, pl. XII, fig. 11 et 11 *bis*.

exemple, quand les mares se dessèchent, l'eau y devient ordinairement sordide et les têtards n'y pourraient vivre, si leurs poumons ne leur permettaient de venir s'approvisionner d'air à la surface. La preuve en est dans l'expérience qu'on peut faire, en plaçant de jeunes larves possédant encore leurs branchies externes dans des eaux corrompues : elles y meurent en peu de temps, alors que d'autres plus âgées peuvent y vivre, en attendant que l'eau du ciel vienne leur apporter son appoint d'oxygène.

Fernand Lataste (1) explique ainsi ce fait, qu'il a observé chez le têtard de l'*Alytes obstetricans* : « Ruscani a cherché à démontrer que les larves des Batraciens ne pouvaient pas respirer à la fois par les branchies et par les poumons. Je puis affirmer que cela n'est pas exact, du moins pour les têtards d'Alyte. Mes élèves viennent souvent à la surface de l'eau, surtout quand celle-ci est corrompue par les cadavres d'animaux que je leur donne à dépouiller. C'est même un joli spectacle que de les voir quitter brusquement leur besogne, remonter verticalement et replonger de même, en toute hâte, dès qu'ils ont renouvelé leur provision d'air. On les voit dégager une bulle de gaz, et toutes ces bulles, quand l'eau est épaisse, forment une écume à la surface de l'aquarium. Évidemment, il ne s'agit pas là d'une simple sécrétion gazeuse des parois de leurs poumons, car ils pourraient s'en débarrasser sur place, sans remonter à la surface de l'eau, et c'est ce qu'ils ne font jamais. »

« Et cependant leurs branchies fonctionnent très bien, et il suffit d'observer avec attention, à l'œil nu ou à la loupe, ceux de ces petits animaux qui sont les plus rapprochés des parois du vase, pour se rendre

(1) Bull. de la Soc. zool. de France, II, 1877.

parfaitement compte du mécanisme de leur respiration branchiale... »

Il est donc bien certain que les têtards se servent de leurs poumons longtemps avant d'avoir atteint leur état parfait. Mais, au moment où la queue de ces larves se résorbe, il arrive souvent qu'elles se noient : c'est qu'alors elles n'ont pu quitter l'eau au moment voulu, comme elles le font d'ordinaire. Cet accident est dû au besoin qu'elles éprouvent d'ouvrir largement la bouche pour distendre la peau qui retient encore leur mâchoire : l'eau pénètre alors dans leur bouche et les asphyxie. Plus tard, quand ils ont déjà vécu de la vie terrestre, les jeunes Anoures peuvent, sans trop de crainte, séjourner quelque temps sous l'eau, sans renouveler l'air de leurs poumons, ils respirent alors par la peau. Celle-ci est extrêmement vasculaire et les échanges gazeux se font presque aussi aisément entre ses vaisseaux et l'eau ambiante, qu'entre celle-ci et les branchies ; cette respiration cutanée n'est pourtant pas suffisamment active, puisque l'animal vient respirer l'air en nature dès que sa provision est épuisée.

La métamorphose achevée, les jeunes Discoglosses sortent des eaux et se répandent dans les lieux frais et ombragés ; d'autres restent au voisinage des mares ou des ruisseaux. Leur taille est des plus médiocres et dépasse rarement celle du Calamite à pareil âge ; quelques-uns sont si petits, qu'ils ne semblent pas plus gros qu'une mouche domestique. On peut s'imaginer, d'après cela, combien ils doivent consommer de nourriture pour arriver, en deux ou trois années au plus, à leur taille définitive et à l'état d'adultes. Aussi sont-ils très voraces et ne cessent-ils de chasser, le jour comme la nuit : ils attaquent sans distinction les insectes de tout ordre et à tous les états ; les petits Crustacés, les Vers et les Mollusques. Mais, quoi qu'on en dise, je ne les ai jamais vu attaquer les Arachnides.

A leur voracité vient s'adjoindre une humeur batailleuse qui ne laisse pas d'être parfois fort curieuse à observer. Quand on leur jette quelques Vers de vase (larves de Tipules), le premier qui les aperçoit se lance sur son camarade le plus proche, le mord et le pourchasse, afin de conquérir le butin et de l'engloutir tout à l'aise. Trois à quatre d'entre eux voient-ils tomber la proie : au lieu de la saisir, ils se rejettent en arrière, se pourchassent l'un l'autre, dans le but de rester maîtres de la place ; mais, dès que le vainqueur gobe la première larve, le vaincu s'avance sournoisement pour prendre part au festin. Il s'ensuit quelques nouveaux combats, puis peu à peu la paix s'établit, vainqueurs et vaincus dînent sans rancune, prenant avec leurs lèvres et leurs dents larves ou insectes, sans lancer leurs langues en avant comme font les Grenouilles et les Crapauds.

Mais si, au lieu de larves ou de gros insectes, tels que Blattes, Grillons et Sauterelles, on leur donne des Mouches, on peut observer qu'ils se placent près des parois vitrées de la cage et qu'ils lancent leur langue sur chaque Mouche qui passe à leur portée. Malgré le peu d'extensibilité de leur langue, les Discoglosses se servent donc de cet organe à la façon des Grenouilles, quand le besoin s'en fait sentir. J'ai pu faire cette même observation chez les Sonneurs, les Alytes et le Pélodyte, qui tous ont également la langue fort courte.

Malgré leur abord sauvage, les Discoglosses sont susceptibles de sociabilité : en leur présentant des larves dans la main, j'ai vu maintes fois le plus affamé se pendre à mon doigt comme pour l'avaler ; n'est-ce pas là de la familiarité? D'ailleurs, une fois qu'ils sont habitués aux soins qu'on leur donne, ils s'avancent vers la vitre de leur cage dès qu'ils vous voient approcher. Ils refusent pourtant de se laisser prendre à la main et cherchent à fuir, dès qu'on veut les saisir, tandis qu'ils ne semblent pas trop s'inquiéter des soins quotidiens de propreté que nécessite leur entretien, pourvu que l'on évite les mouvements brusques.

Sans parvenir à l'apprivoiser comme le Crapaud, on arrive à faire prendre au Discoglosse les insectes qu'on lui offre à la main ; on peut aussi le toucher du bout du doigt et le caresser légèrement sur le dos, sans qu'il se déplace. Quant à le prendre dans la main, il ne faut guère y songer, car immédiatement il laisse échapper des pores de sa peau un liquide onctueux qui facilite son glissement : il devient alors presque impossible de le retenir ; il y a pourtant un moyen de le maintenir : c'est de lui faire obstacle au bout du museau.

LE DISCOGLOSSE A OREILLES

Comme on le sait déjà, j'ai nommé *Discoglossus auritus* le Discoglosse qui habite le nord de l'Afrique, dénomination suffisamment démonstrative, vu la grande étendue de la tache temporale et la présence du tympan de l'oreille qui s'y montre assez nettement pour empêcher la confusion avec l'espèce précédente.

On connaît aussi les différences que nous avons signalées sur l'œuf et l'embryon ; on verra bientôt que le squelette fournit aussi de bons caractères à l'appui de la validité de cette espèce, confondue jusqu'ici avec la précédente.

C'est grâce aux nombreux échantillons vivants que j'ai reçus d'Algérie depuis 1879, et que je dois à l'obligeance de plusieurs de mes collègues, notamment à mon savant ami, le Dr Raphaël Blanchard, que j'ai pu étudier avec soin cette forme et reconnaître la constance de ses caractères distinctifs (1).

Tous les sujets recueillis depuis dix ans dans les trois départements de notre grande colonie africaine, présentent sans exception une large tempe et une oreille visible, presque circulaire, mesurant environ les deux tiers du diamètre de l'œil, des membres postérieurs plus longs et plus grêles que chez l'espèce européenne. Les mâles surtout ont le corps allongé, peu renflé à sa base, et rappellent les formes de la Grenouille rousse, *Rana fusca;* jeunes, entre deux et quatre ans, ils sont fluets et la gracilité de leurs membres les rapproche de la forme élégante de *Rana agilis*. Ces différences si sensibles à l'œil, suivant l'âge, ne sont peut-être pas étrangères aux causes qui ont amené les auteurs à distinguer plusieurs variétés.

Un Discoglosse âgé d'une à deux années conserve jusque-là l'élégance grassouillette des femelles ; le tubercule palmaire principal, qui figure si bien un cinquième doigt chez le mâle adulte, est encore mousse, arrondi et non dégagé. C'est seulement vers la troisième année que la forme de l'animal s'allonge et que le tubercule devient très saillant. Il commence alors à se couvrir, sur la face externe, de légères rugosités brunâtres, ainsi que le premier doigt ; ce n'est qu'un peu plus tard que ces signes de l'état nubile se montrent à la face interne du doigt suivant. Mais le bras reste encore relativement grêle, si on le compare à celui des autres mâles plus âgés. C'est encore le bras dodu d'une femelle, et la certitude du sexe n'est

(1) Héron-Royer, *A propos du Discoglossus auritus*. Bull. de la Soc. zool. de France. XIII, p. 220, 1888.

bien indiquée que par les premières rugosités copulatrices dont nous venons de parler.

Le pied ressemble aussi à celui des femelles par ses courtes palmures. C'est seulement quand le Batracien est arrivé en pleine virilité, que les membres antérieurs et postérieurs sont absolument distincts de ceux de l'autre sexe. Alors la main est considérablement plus large ; le tubercule palmaire est devenu très proéminent, le premier doigt, qu'on nomme ordinairement le pouce, s'est tellement élargi que sa largeur dépasse celle du précédent, dit tubercule palmaire principal ; les trois autres doigts ont aussi gagné en largeur et non en longueur, en sorte qu'ils sont ramassés et semblent s'être raccourcis.

Le bras et l'avant-bras suivent les proportions de la main ; ils sont donc plus gros et extraordinairement musclés chez le mâle adulte en raison de la force que celui-ci doit déployer pour provoquer l'évacuation des œufs mûrs.

Chez la femelle, le bras garde les proportions du jeune âge, et la main reste proportionnée au membre.

Chez le jeune mâle de deux à trois ans, le pied est maigre et les membranes interdigitales sont peu épaisses ; leur étendue ne dépasse pas la troisième phalange aux trois plus grands orteils, ni la deuxième aux deux autres. L'année suivante, le pied s'élargit et les orteils, plus forts et plus épais, ne paraissent pas s'être allongés, tant la palmure a progressé. Chez quelques sujets, elle a progressé d'une phalange seulement ; chez d'autres, elle s'est avancée jusqu'à la moitié des premières phalanges, sauf au grand orteil dont les deux premières phalanges restent presque toujours libres.

Un an plus tard, la palmure envahit jusqu'à l'extrémité de chaque orteil, sauf la première phalange du médius. Le tubercule métatarsien, qui a la forme allongée d'un sixième orteil, possède aussi sa palmure : elle s'étend de son extrémité à celle du doigt voisin. A l'âge adulte, la tranche de ces palmures se couvre de rugosités brunes, semblables à celles des doigts de la main ; puis, dans l'âge mûr, lorsque les palmures arrivent à l'extrémité des trois orteils internes, ou même la débordent, les rugosités copulatrices se montrent plus abondantes et s'étendent sur le côté externe du pied jusqu'à la hauteur de la cheville.

La main et le pied du Discoglosse diffèrent donc dans leurs formes comme dans leurs proportions, au fur et à mesure que l'animal avance en âge, à un tel point que, si l'on n'en tient pas un compte rigoureux, on arrive forcément à des erreurs. C'est ainsi que l'auteur de l'*Étude sur le Discoglosse*, en décrivant la forme du pied de cet Anoure, a indiqué les palmures semblables chez les deux sexes. Cela n'a rien de surprenant, car le pied d'un mâle récemment arrivé à l'état adulte est assez différent de celui d'un autre mâle âgé de cinq ans, pour faire croire à une variété de l'espèce. De semblables mécomptes ne peuvent être commis par quiconque, en élevant des Batraciens, tiendra compte des changements qui marquent leurs différents âges.

Examinons maintenant le squelette. La tête du *Discoglossus auritus* est un peu plus petite que celle du *Discoglossus pictus*. Le museau est un peu plus large et un peu plus arrondi chez le mâle que chez la femelle ; il est ordinairement sub-aigu chez la femelle et le jeune, mais s'émousse avec l'âge dans les deux sexes, beaucoup plus tôt chez le mâle que chez la femelle. Il est encore déprimé du sommet à la base, mais moins que chez le *Discoglossus pictus* ; en partant du vertex, la ligne du profil descend suivant une pente douce et correcte jusqu'à l'ethmoïde ; elle présente alors une légère déclivité, puis, en passant sur les préfrontaux, devient un peu convexe, pour s'abaisser ensuite. Chez *Discoglossus pictus*, la ligne faciale est plus oblique et sans sinuosité aussi sensible.

Le crâne de *D. auritus* est donc moins épais en arrière ; ses préfrontaux sont plus larges et font en avant une pointe plus obtuse ; en arrière, deux lamelles leur font suite, qui protègent l'ethmoïde, tout en ménageant entre elles et les pointes des pariétaux, une petite fontanelle. Si le crâne de *D. pictus* est plus épais en arrière, par contre il l'est moins en avant que chez notre nouvelle espèce ; les préfrontaux sont plus plats et moins larges, et leur pointe antérieure est plus étroite et plus longue : par conséquent les trous nasaux sont plus rapprochés l'un de l'autre ; les lamelles éthmoïdales sont ici intimement soudées aux fronto-nasaux, et paraissent être un prolongement de ces os.

Chez *D. auritus*, les maxillo-jugaux sont légèrement cintrés ; ils suivent une direction en ellipse peu sensible ; chez *D. pictus*, ces mêmes os sont droits et ont une direction parabolique plus nette.

Les os du bassin sont un peu plus allongés ; les membres pelviens, surtout, marquent une différence de taille notable entre les deux espèces. Chez deux vieux sujets d'origine algérienne, âgés d'un peu plus de six ans et élevés par moi, tués pour établir une comparaison, on relève une différence de quatorze millimètres en faveur de ces derniers, malgré l'âge plus avancé et la forte ossature du Discoglosse peint mis en comparaison.

Je constate aussi sur les os de *D. auritus* une couleur ambrée, comme huileuse, qui indique qu'ils sont moins chargés de sels calcaires.

On constate encore cette différence que le sixième doigt ou tubercule métatarsien est beaucoup moins gros et moins saillant que chez *D. pictus* : chez les jeunes mâles de cette dernière espèce, ce tubercule atteint déjà la dimension que nous trouvons chez les vieux *D. auritus.*

Les proportions du Discoglosse à oreilles se rapprochent assez de celles de la Grenouille verte, *Rana esculenta* : le corps a la même longueur ; il en est de même pour les membres pelviens, si ce n'est que le pied est plus court, mais la compensation s'établit par la longueur du tibia-péroné. Sur le membre antérieur, l'humérus mesure 2mm 5 de plus ; le cubito-radius 3mm 5, mais la main est plus courte de 3mm. Je dois ajouter que les os de ce membre sont beaucoup plus forts que chez *Rana esculenta.*

Par son corps élancé et la puissance de ses membres, le Discoglosse à oreilles peut donc faire des bonds aussi étendus que ceux de la Grenouille verte ; son allure dégagée l'a d'ailleurs fait prendre maintes fois pour une Grenouille. C'est ainsi que Schlegel, en 1838, le rencontrant dans son voyage en Algérie, le désigna sous le nom de *Rana picta.* Dix ans après, Eichwal fut également trompé par l'apparence et le prit pour une *Rana temporaria.*

Voici, évaluées en millimètres, les dimensions comparatives des deux plus grands et plus vieux squelettes de ma collection :

	D. AURITUS	D. PICTUS
Largeur de la tête	24	24
Longueur de la tête et du rachis	70,5	70
Longueur de la tête seule	20	20,5
Longueur des os du bassin	35	30,5
Longueur du fémur	30,5	26,5
Longueur du tibia-péroné	35	31
Longueur du pied entier	50	48
Longueur du grand orteil	30,5	29,5
Longueur du tubercule métatarsien	02	04,5
Longueur de l'humérus	21	20,5
Longueur de l'avant-bras et de la main	30	25,5

Comme on le voit, les différences sont assez considérables, surtout en ce qui concerne la proportion des membres.

La peau du Discoglosse à oreilles est plus fine et moins tuberculeuse que celle de son congénère. Si on lui frotte le dos avec le bout du doigt, on voit tout de suite apparaître une mousse blanchâtre et savonneuse à l'endroit touché, en même temps que tout le dessus du corps de l'animal se couvre d'une fine transpiration. C'est que le Batracien, appréhendant quelque surprise, fait suinter des pores de sa peau un liquide onctueux et incolore, lui permettant de glisser des mains de quiconque voudrait le saisir.

Ce que nous venons de voir se produire lentement, s'opère très rapidement, dès qu'on l'effraye ; il se précipite alors, la tête la première, entre les moindres obstacles à sa portée, tirant des mains, poussant des pieds et s'aplatissant à l'extrême ; il glisse ainsi sans bruit, en laissant derrière les menus objets qui se sont collés à sa peau gluante. Souvent même, on remarque des fragments de son épiderme, car c'est ainsi, le plus souvent, que cet Anoure opère son changement de peau, en sorte que, lorsqu'il s'est blotti précipitamment, il sort de sa cachette avec une robe neuve et brillante.

Cela se passe de même chez le Discoglosse peint, seulement la peau chez ce dernier est moins impressionnable et l'on peut lui frictionner le dos sans qu'il devienne mousseux. Lorsqu'on le saisit, sa peau devient onctueuse et glissante, mais elle mouille moins la main ; on dirait plutôt qu'une matière grasse comme le beurre permet à ce Batracien de nous échapper.

Les mœurs du *Discoglossus auritus* sont à peu près semblables à celles de son congénère. Cependant on remarque que ses amours sont plus batailleuses et qu'elles se prolongent, chez le mâle surtout, toute la belle saison. Il se tient en éveil, épiant les femelles prêtes à pondre. J'ai pu constater cette année qu'un mâle de cette espèce, laissé seul avec quatre femelles, a pu féconder toutes leurs pontes. C'est là un fait digne de remarque, qui prouve la vigueur de cet Anoure et de plus confirme la possibilité de l'acclimater en France. Je puis assurer, en effet, que la reproduction de cet utile animal s'est poursuivie dans des conditions les plus favorables, tant entre les jeunes obtenus chaque année depuis six ans, qu'entre les vieux sujets provenant directement d'Algérie (1).

Chaque femelle fait deux à quatre pontes dans l'année suivant qu'elle commence plus ou moins tôt. Chaque ponte donne environ un millier d'œufs, d'où sortent des jeunes, en quarante à cinquante jours. Les têtards, fort robustes, passent l'hiver, quand ils sont nés en arrière saison. Les jeunes transformés sont très petits, souvent plus petits que ceux de nos Crapauds. Ces milliers d'êtres, qui engloutissent des myriades de petites larves et d'insectes minuscules, durant les premiers mois de son existence, peuvent rendre de réels services. L'agriculture aurait en eux un auxiliaire qui ne serait point à dédaigner.

Nous venons de voir que le Discoglosse à oreilles prolonge son état de rut pendant toute la belle saison; on se rappelle au contraire que le Discoglosse peint reste enfoui plus d'un mois après la première période de rut et qu'un enfouissement de même durée peut se renouveler après chaque accouplement. Une autre différence, non moins importante, consiste dans le chant ; nul ou sans bruit perceptible à l'ouïe chez *D. pictus*, il est presque bruyant chez *D. auritus*.

---

(1) *Nouvelles observations sur l'acclimatation du Discoglossus auritus*. Bull. de la Soc. zool. de France, XV, 1890.

En janvier 1885, un de mes collègues de la Société zoologique de France, M. Édouard Chevreux, bien connu par ses travaux sur les Amphipodes, était en villégiature à Cherchell, près d'Alger. Il me fit parvenir bon nombre de Discoglosses, les uns pris dans de petits ruisseaux, d'autres dans des marais saumâtres, d'autres encore trouvés, çà et là, sous des pierres. Je fis choix des adultes et les installai dans un grand aquarium placé sur une fenêtre et disposé de façon à ce qu'ils aient toute liberté d'aller à terre ou de rester à l'eau suivant leur gré.

Les beaux jours étaient arrivés. Un soir, j'entendis un bruit singulier, une sorte de musique qui m'était inconnue et ressemblant au va-et-vient d'une lime sur une pièce de fer; d'autres fois, on eût dit le bruit d'un rouet, avec de fréquentes interruptions; mais toujours ce bruit semblait venir de loin. Ayant pensé un instant que ce bruit ne pouvait être que celui d'un tour que possédait un de mes voisins, je ne m'arrêtai pas à l'idée qu'il pût venir de mes Batraciens. La soirée étant très avancée, je me mis au lit, et bientôt le ra-a, ra-a, recommença de plus belle. Je me levai et m'aperçus alors que ce bruit était produit par mes Discoglosses d'Algérie. Figurez-vous un chant de ventriloque, qui ne ressemble en rien au chant de nos Anoures, mais rappelle plutôt le bruit de la crécelle. Ce bruit peut s'exprimer ainsi : *ra-a*, *ra-a*, *ra-a*, *ra-a*, par la répétition assez rapide, à sept ou huit reprises, d'une note haute suivie d'une note un peu plus basse; après une pause, le chant recommence plus ou moins fort. Tel est le chant d'amour de notre nouveau Discoglosse (1).

(1) En Algérie, c'est en janvier et février que ces animaux commencent leurs ébats ; dans ces deux mois, M. Chevreux eut l'obligeance de me faire parvenir les premiers têtards de l'année.

Dès le lendemain, je me tins en observation et je pus voir le mâle tapageur plonger et venir appuyer son museau sur le bord ; ses flancs battaient, par suite du jeu de ses poumons, tandis qu'il émettait son chant. Faible d'abord, celui-ci s'accentue progressivement à mesure que l'animal s'excite, il est surtout plus fort dans le silence du soir.

Ce chant qu'accompagne une certaine mimique, semble n'être qu'un discours galant fait pour attirer les femelles. L'une d'elles vient à l'eau ; le mâle s'avance et l'embrasse de ses bras musclés, mais la femelle échappe vivement à son étreinte en jetant un cri assez semblable à celui d'un archet de violon que l'on passe sur la colophane. Elle remonte alors à terre et laisse le galant continuer sa sérénade; elle l'écoute presque indifférente, comme si ce chant n'était point l'expression d'un sentiment sincère. Mais lui, convaincu de l'attraction qu'il exerce sur sa compagne, redouble d'énergie en roulant ses notes discrètes; par instants, un frémissement agite tout son corps, sa gorge et ses poumons se meuvent en même temps et le *ra-a*, *ra-a*, *ra-a*, se module sur des tons doux et vigoureux dont l'expression se devine.

Jusqu'en 1885, époque à laquelle j'ai publié ma première note sur le Discoglosse, on supposait que ce Batracien était muet; il est vrai qu'alors on ne connaissait qu'une espèce de ce genre. En parcourant l'*Étude sur le Discoglosse*, par Fernand Lataste, à la 24e page, on lit ceci : « ..... à défaut de chant d'amour, le Discoglosse a un cri de détresse. » M. Bosca me signalait

---

Depuis, les adultes, comme aussi les jeunes que j'obtins de ces larves, s'acclimatèrent, mais en conformant l'époque de leur ponte à la température de Paris. Chaque année je constatai ce changement, en sorte que les pontes n'ont plus lieu qu'à partir d'avril.

ce cri, m'invitant à l'observer moi-même sur de jeunes individus dont la lettre m'annonçait l'envoi. Et je lis à la date du 14 mars dans mon journal : « Quand on le tourmente, le Discoglosse, surtout le jeune, crie comme un jeune chat. Ce cri diffère de celui des Pélobates, lequel rappelle plutôt le miaulement de fureur d'un chat adulte. » Et, à la date du 21 mai : « Tandis que le jeune Discoglosse qu'on tourmente pousse un cri semblable au miaulement d'un jeune chat, l'adulte émet un son qui rappelle le petit cri délicat et dentelé des souris en rut. » Puis au bas de la page, en note, on lit encore : « Le 8 avril 1879, examinant, sans les toucher, dans un cristallisoir où je les avais réunis, six beaux Discoglosses mâles que je venais de recevoir de M. Maupas, sous-bibliothécaire et archiviste de la ville d'Alger, je les entendis émettre un son très faible (on ne l'entendrait pas à trois mètres de distance, même dans le silence de la nuit), qui rappelle, quoique un peu fondu et moins aigu, le bruit que produisent certains Longicornes en frottant l'une contre l'autre deux pièces de leur tégument. »

On se demande, après avoir lu ces lignes, si le *petit cri*, semblable à celui des souris en rut, entendu par M. Bosca, ne serait pas le *son très faible* indiqué par M. Lataste? Malgré la différence du bruit perçu par ces deux observateurs, je puis affirmer, pour ma part, que je n'ai vu jusqu'ici le Discoglosse d'Espagne pousser le moindre cri ou chant de rut, comme du reste je l'ai dit au chapitre précédent. Quant au Discoglosse d'Algérie, on peut croire qu'il s'agissait du chant au début du rut, chez des animaux fatigués ou ne se trouvant pas dans un milieu convenable.

Pour en finir avec cette question, je dirai que la captivité peut, dans une certaine mesure, diminuer l'intensité du chant chez tous les Anoures et amener la suppression complète du rut aux époques de la reproduction. J'ai remarqué que le *Bufo pantherinus* cesse de chanter l'année qui suit sa captivité ; que le *Bufo calamita* ne chante pas en cage ; que l'*Alytes obstetricans* captif ne chante que quelques semaines seulement ; que tous les mâles des diverses espèces de Grenouilles chantent au retour du rut, quelquefois même après deux années de captivité. Au contraire, la plupart des Batraciens élevés dans des cages, depuis le passage à l'état parfait, chantent et se reproduisent chaque année ; mais, chez quelques-uns, le chant est beaucoup moins énergique, ce qui tient bien certainement au manque d'exercice et à une nourriture souvent trop uniforme.

Le *Discoglossus auritus* saisit aussi sa compagne à bras le corps, comme il peut, et où il peut, lui sautant sur le dos si elle est la première à l'eau, et l'embrassant au milieu des flancs, ou même aux aisselles. Puis plus promptement qu'on ne pourrait le dire, ses mains glissent jusqu'aux aines. Sous cette étreinte, la femelle lève les genoux en faisant une légère contorsion et un flot d'œufs est aussitôt projeté dans le liquide. Les œufs s'étalent en gerbe, en sortant de l'orifice cloacal, et tombent au fond où ils y forment un tapis de perles. Si l'eau est pure, les œufs se collent alors sur les objets où ils reposent et se fixent aussi, quelquefois, l'un à l'autre, mais moins solidement qu'aux objets.

C'est à la femelle qu'est dévolu le choix de l'endroit où elle veut placer son précieux dépôt, car le mâle est trop fougueux pour songer à la protection de sa progéniture.

Nous avons vu que le toucher ou la friction exercée de haut en bas par les brosses du mâle sur le ventre de la femelle, transmet à celle-ci une excitation favorable à l'évacuation des œufs. Mais, je ne crois pas qu'on ait expliqué l'usage de brosses de même nature que le mâle possède aussi au menton et aux pieds. Au menton, on en trouve aussi chez le *Pelodytes punctatus*, et on a supposé, avec quelque raison, qu'ils étaient des organes de fixation, parce que ce petit Anoure tient sa femelle aux lombes et lui applique le menton sur le dos, tant que dure l'accouplement. Ici, on ne peut en conclure de même, puisque le Discoglosse ne stationne pas sur le dos de sa compagne, qu'il ne fait qu'y glisser pour ainsi dire comme un acrobate qui descend d'un mât de cocagne. Je pense donc que les aspérités du menton exercent sur le dos de la femelle un chatouillement analogue à celui que font les doigts sur les flancs, et cette excitation contribue aussi à provoquer la ponte.

Quant aux aspérités qui garnissent le côté externe du pied, ou qui bordent la palmure des orteils, elles me semblent avoir pour fonction d'éparpiller les œufs à leur sortie des utérus. J'ai remarqué, en effet, que lorsque des œufs sont superposés en bloc, une partie de ceux du dessous ne se développent point.

Rien ne manque donc au mâle du Discoglosse pour parer à toutes les éventualités qui peuvent se présenter au moment de la copulation. Ses bras musclés lui servent à soutenir des combats assez fréquents contre d'autres mâles et même contre la femelle. Car celle-ci n'est guère patiente : si le mâle veut la saisir avant que ses œufs ne soient tombés dans les utérus, elle se débat comme une possédée ; et quand son agresseur ne veut pas la laisser fuir, elle se retourne dans ses bras et alors, ventre à ventre, elle lutte contre lui : tous deux roulent au fond, cramponnés l'un à l'autre, mais la femelle s'arc-boute sur la poitrine et sur les cuisses de son obstiné conjoint et le force ainsi à lâcher prise.

Mais le mâle ne se croit point vaincu pour cela ; confiant dans son langage flatteur, il nage vers le bord, où s'est réfugiée la femelle, puis reprend son *ra-a*, *ra-a*, *ra-a*, tout comme si rien de fâcheux ne lui était survenu. D'autres fois, lorsque notre galant chanteur, après une lutte corps à corps, voit fuir celle dont il désire les faveurs, il est pris de crises nerveuses des plus curieuses à observer ; ces crises lui impriment des mouvements automatiques involontaires d'arrière en avant, comme une danse sur place accompagnée de ruades fébriles.

Ce spasme érotique atteint plus spécialement les régions lombaires et pelviennes ; il ne dure que quelques minutes au plus et peut se reproduire un peu plus tard, en semblable circonstance, mais jamais après un combat entre mâles.

Les combats sont d'autant plus fréquents et violents qu'il se trouve davantage de couples en présence ; ils ne se produisent point, si on a soin de ne laisser qu'un seul couple par aquarium.

La quantité d'œufs pondus m'a toujours paru plus considérable chez *D. auritus* que chez *D. pictus*. Frais pondu, l'œuf de *D. auritus* est plus petit que celui de son congénère ; il se gonfle promptement, en même temps qu'il perd sa couleur brune en suivant une succession de teintes plus claires qui se fondent, à la ceinture équatoriale, avec le blanc de l'hémisphère inférieur. C'est ce qui différencie, au premier examen, l'œuf du Discoglosse à oreilles de celui du Discoglosse peint.

Sauf la coloration plus claire et la petite taille de la larve durant la période branchiale, comme aussi la forme du boutoir, particularités que j'ai déjà signalées dans le chapitre précédent, le développement embryonnaire se passe de même chez les deux espèces.

Mais la petite éminence sphéroïdale qui se présente sur l'œuf avant le développement et que j'ai figurée dans ma note de 1885, ne se retrouve qu'accidentellement ; en effet, depuis cette époque, j'ai observé fréquemment des œufs qui n'en avaient point trace et d'autres qui en présentaient plusieurs. Les nouvelles recherches que j'ai faites sur ce sujet m'ont amené à conclure qu'une femelle, en présence d'un seul mâle, donne des œufs sans éminence, c'est-à-dire normaux, sauf quelques rares exceptions. Laissée avec plusieurs mâles en rut, elle donne des œufs très mélangés, partie normaux, partie avec une ou plusieurs éminences sphéroïdales. J'ai même trouvé des œufs qui portaient de ces petites éminences aussi bien sur le cercle équatorial que sur le pôle supérieur, et ces petites perles microscopiques sur un même œuf étaient de dimensions très différentes. J'en ai conclu à des hernies produites par la présence, dans un œuf, de plusieurs spermatozoïdes, et ces œufs me donnèrent des embryons d'un volume inférieur à ceux provenant d'œufs normaux. Or, en 1885, sans songer que de tels accidents pouvaient se produire, j'avais réuni plusieurs couples dans un même aquarium.

Nous savons que les jeunes embryons ne prennent de nourriture qu'après avoir passé la période branchiale. Jusque-là, ils ne possèdent ni bouche, ni tube digestif ; ils tirent leur alimentation du vitellus qui remplit leur gros abdomen et se gonfle à mesure du développement de la jeune larve. Mais lorsque le petit têtard est pourvu d'une bouche suffisamment aménagée pour broyer les aliments pris au dehors, l'appareil digestif est en état de pouvoir fonctionner ; sa structure est fort simple : c'est un long tube enroulé sur lui-même, mesurant, suivant l'âge de la larve, jusqu'à cinq fois la longueur totale du petit animal.

Cet intestin est d'un diamètre presque uniforme dans toute son étendue ; mais, lorsque le têtard achève ses métamorphoses, il se produit une transformation interne aussi surprenante que le changement qui s'est opéré à l'extérieur de l'animal, et le long tube enroulé fait place à une organisation beaucoup plus compliquée, qu'il serait trop long de décrire ici. Disons seulement que les circonvolutions de l'intestin sont plus nombreuses que chez la plupart des autres Anoures : tandis que le tube digestif entier d'une Grenouille agile est long de 12 centimètres, celui d'un Discoglosse de même taille en mesure 32.

Puisque nous sommes amenés à parler de l'appareil digestif des Batraciens, j'en profiterai pour vous entretenir d'une observation que j'ai pu faire récemment : il s'agit d'une production muqueuse des parois internes du rectum, qui sert d'enveloppe aux excréments.

Pour en mieux saisir l'importance, suivons le parcours de l'aliment ingéré : une fois dans la bouche, la proie vivante est engluée de salive qui facilite le glissement dans l'œsophage. Arrivée dans l'estomac, elle s'y débat, mais ses mouvements désordonnés ne font qu'accélérer sa mort, en excitant la sécrétion gastrique. Elle est digérée et triturée de si belle façon, que les principales parties du squelette sont disjointes et concassées. Après que l'absorption des substances utiles à l'alimentation est achevée, le résidu se dirige vers l'intestin, s'y rassemble en grumeaux oblongs, espacés les uns des autres, qui cheminent progressivement vers le rectum. Celui-ci est une chambre relativement vaste, tapissée de replis qui sécrètent une mucosité abondante et assez épaisse pour engluer les matières fécales et leur interdire tout contact avec la muqueuse rectale.

Le rectum est relativement court chez les Discoglosses ; un rétrécissement de peu d'importance le sépare du vestibule cloacal qui lui fait suite; il est oblique ou même souvent horizontal. Il est donc plus ou moins à angle droit sur le vestibule qui reste toujours vertical, et est à demi tordu sur lui-même; il en résulte donc que, normalement, il n'y a aucune communication entre eux. Or, le sphincter de l'intestin grêle ne laisse passer les particules excrémentitielles que lorsque la continuité est interceptée par le pli que nous venons d'indiquer. Puis, lorsque le rectum est suffisamment plein, les mucosités sécrétées se détachent des parois de l'organe et adhèrent à la crotte, sous forme de feuillets blanchâtres et demi-transparents; un mouvement de rotation ferme cette curieuse enveloppe, comme on ferait d'un cornet de papier terminé par un tortillon.

On le conçoit, dès que ce sac est rempli, son poids l'entraine en bas et détermine un mouvement de bascule qui redresse le rectum, la poche muqueuse s'étire et descend en spirale. Par suite de ce mouvement, elle se déchire en haut, près du sphincter de l'intestin grêle, et la fèce ainsi détachée glisse vers l'anus. Aussitôt après l'évacuation, les parois du vestibule cloacal se rapprochent, et la face qui est en rapport avec la vessie se creuse en gouttière, tandis que le rectum reprend sa position première (1).

Les mucosités qui constituent l'enveloppe des fèces sont souples et solides, au point qu'on peut en retirer le contenu sans les détériorer; elles forment donc un excellent isolateur, ayant pour but d'empêcher la rencontre des excréments avec les produits de la génération, puisque, comme on le sait, les orifices des organes génitaux, aussi bien chez le mâle que chez la femelle, débouchent dans le vestibule cloacal.

---

(1) Héron-Royer, *sur la présence d'une enveloppe adventice autour des fèces chez les Batraciens*. Bull. de la Soc. zool. de France. Février 1888.

En songeant à l'organisation sexuelle des Batraciens, je m'étais souvent demandé pour quelle raison les orifices des uretères, des canaux déférents chez le mâle, des oviductes chez la femelle, n'étaient pas quelquefois obstrués, ou tout au moins salis par le passage des matières fécales, et pourquoi on ne trouvait jamais aucune trace de celles-ci dans la vessie. Ce n'est qu'après avoir recueilli un certain nombre de crottes de mes divers pènsionnaires que je fus pleinement convaincu de la présence toujours constante de cette enveloppe chez les Anoures et chez les Urodèles. C'est alors que j'en vins à étudier la formation de cette curieuse enveloppe sur l'animal vivant, en ayant soin de n'opérer que 12 à 15 heures après leur avoir fourni un bon repas. En ne sacrifiant les animaux qu'à coup sûr, j'ai pu suivre ainsi les diverses phases de la digestion et constater à plusieurs reprises qu'on ne trouve jamais qu'une seule fèce dans le rectum, soit en formation, soit achevée.

De semblables recherches, faites sur des Sauriens, m'ont amené aux mêmes conclusions. Chez ces animaux, l'urine forme une pâte blanchâtre et compacte, que l'on nomme fèce urinaire, indépendante de la fèce alimentaire, mais poussée au dehors par celle-ci. Malgré cela, il n'y a point mélange ; d'origine différente, les deux fèces sont confectionnées séparément. La fèce alimentaire est enveloppée d'une masse muqueuse plus transparente que celle de certains Batraciens, tels que les Crapauds et les Discoglosses ; sa forme est le plus ordinairement allongée en boudin. La fèce urinaire n'a point de forme arrêtée et varie considérablement de taille : tantôt c'est une petite pelote de peu d'importance ; tantôt elle est beaucoup plus grosse et prend une forme turbinée ; sa consistance est pâteuse au sortir du cloaque, mais après quelques heures d'exposition à l'air, elle devient cassante et se brise en petits grumeaux ; son enveloppe est très mince, elle est comme revêtue d'un simple verni ; mais, lorsqu'on la brise, on remarque à son intérieur des petits amas de mucus semblable.

A leur rencontre, lors de leur expulsion, les deux fèces se collent l'une à l'autre, mais il est toujours facile de les séparer, même lorsqu'elles sont desséchées, si on les laisse séjourner plusieurs heures dans l'eau.

Les Ophidiens, les Crocodiliens et les Chéloniens ont aussi un cloaque ; ils doivent, conséquemment, présenter les mêmes particularités dans la confection de leurs fèces.

Chez les oiseaux, le cloaque donne encore passage tout à la fois aux excréments et aux produits de la génération. Or, M. Gr. Stamati, mon collègue à la Société zoologique de France, a constaté chez les Poules, les Serins, les Chardonnerets, les Pigeons, etc. (1), la présence d'une enveloppe adventice autour des fèces, également destinée à protéger les organes génitaux et leurs produits. « Au microscope, dit M. Stamati, cette enveloppe se montre comme une sorte de membrane anhiste dépourvue d'éléments cellulaires ; elle est imprégnée par les divers produits qui se trouvent dans les matières fécales et que les réactifs sont impuissants à dissocier. Traitée par l'alcool ou l'acide acétique, elle devient opaque et d'une couleur blanche ; elle a tous les caractères d'une matière muqueuse. »

Cette enveloppe muqueuse joue donc un rôle d'une réelle importance. Je suis heureux d'avoir pu la découvrir chez les Batraciens, chez lesquels son étude se fait peut-être avec le plus de facilité.

---

(1) Stamati, *sur la présence d'une enveloppe adventice autour des excréments des Oiseaux.* Bull. de la Soc. zool. de France juillet 1888.

EXPLICATION DES PLANCHES I ET II

Toutes ces figures ont été dessinées d'après les sujets vivants

Fig. 1. — *Discoglossus auritus*, jeune ♂ âgé d'une année.

Fig. 2. — *D. auritus*, ♂ adulte, âgé de six ans. En haut du dos, on remarque, comme sur la figure suivante, un bourrelet qui se forme lorsque l'animal s'enfouit à reculons. Ce bourrelet a été indiqué ici, pour montrer la différence qu'on peut observer dans la disposition qu'il affecte par rapport à l'oreille.

Fig. 3. — *D. pictus* ♂ adulte, de même âge que le précédent. Le bourrelet dorsal est plus fort et plus proche de la tête ; son épaisseur est due à ce que la peau est plus épaisse et plus lâche chez cette espèce ; pas de tympan visible.

Fig. 4. — Pied du ♂ de *D. auritus*, représenté fig. 2, montrant la disposition des palmures.

Fig. 5. — Pied du même vu en dessous, pour montrer les aspérités brunes développées sur le côté externe et bordant ses palmures.

Fig. 6. — Pied du ♂ de *D. pictus*, représenté fig. 3, pour montrer le tubercule métatarsien, beaucoup plus fort ici.

Fig. 7. — Main du ♂ de *D. auritus*, représenté fig. 2, vue par sa face interne.

Fig. 8. — Main du ♂ de *D. pictus*, représenté fig. 3. On voit qu'elle est plus large et plus courte.

Fig. 9. — Main d'un jeune *D. auritus* ♂ entrant dans sa troisième année. Le tubercule palmaire principal et les deux doigts suivants montrent leurs rugosités brunes, dites copulatrices.

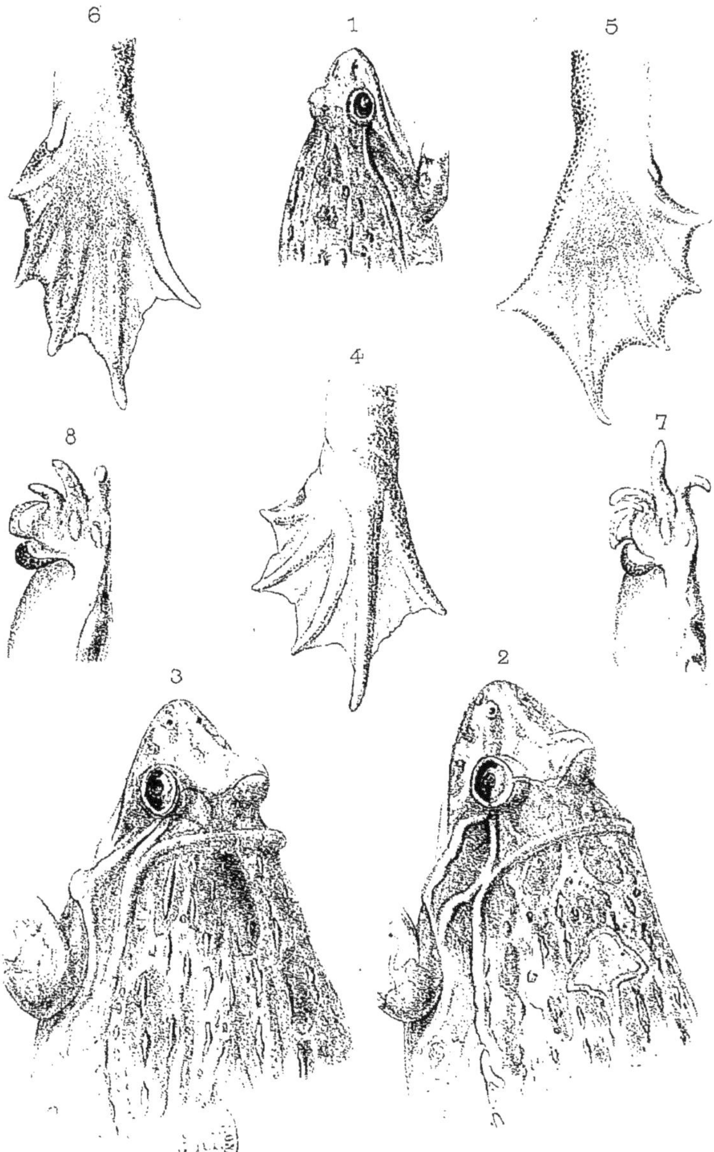

Héron-Royer ad. nat. del. Imp. Edouard Bry, Paris. A. Millot lith.

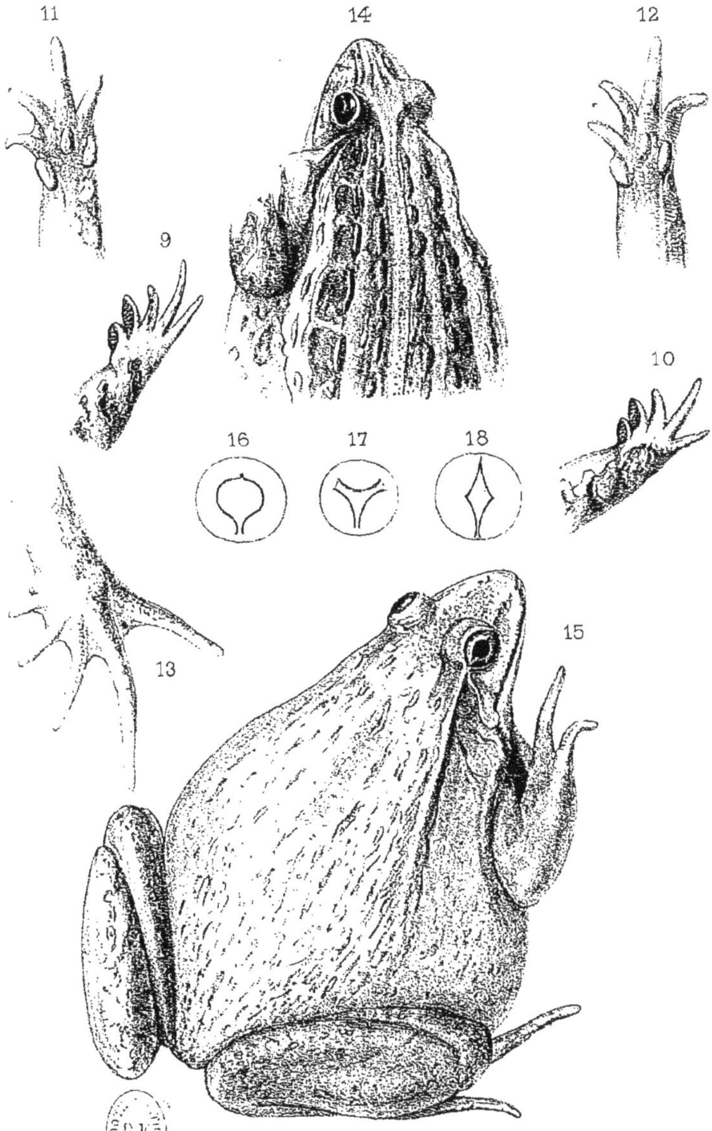

Héron-Royer ad. nat. del. Imp. Edouard Bry, Paris. A. Millot lith.

Fig. 10. — Main d'un jeune *D. pictus* ♂ de même âge.

Fig. 11. — Main d'une ♀ de *D. pictus*, âgée de cinq ans, vue par sa face interne.

Fig. 12. — Main de la ♀ de *D. auritus*, représentée fig. 15.

Fig. 13. — Pied de la même ♀ vu en dessus.

Fig. 14. — ♀ de *D. pictus*, âgée de quatre ans.

Fig. 15. — ♀ de *D. auritus*, âgée de six ans (variété unicolore). Ce sujet roux clair, privé de dessins bariolés, permet de bien saisir la physionomie de cette nouvelle espèce.

Fig. 16. — Ouverture pupillaire chez les Discoglosses.

Fig. 17. — Ouverture pupillaire chez les Sonneurs.

Fig. 18. — Ouverture pupillaire chez les Alytes.

Ces trois dernières figures, faites au trait et très grossies, ont été exécutées le même jour et dans la même heure, pour éviter les différences de lumière, afin de permettre une comparaison aussi exacte que possible.

Angers, imp. Germain et G. Grassin. — 759-90.

www.ingramcontent.com/pod-product-compliance
Ingram Content Group UK Ltd.
Pitfield, Milton Keynes, MK11 3LW, UK
UKHW032010260826
14628UKWH00005B/2407

9 782013 093682